Ruby Jindal

A ascensão das máquinas: Explorando o futuro da robótica

Ruby Jindal

A ascensão das máquinas: Explorando o futuro da robótica

ScienciaScripts

Imprint

Cover image: www.ingimage.com

This book is a translation from the original published under ISBN 978-620-7-81005-5.

Publisher:
Sciencia Scripts
is a trademark of
Dodo Books Indian Ocean Ltd. and OmniScriptum S.R.L publishing group

120 High Road, East Finchley, London, N2 9ED, United Kingdom
Str. Armeneasca 28/1, office 1, Chisinau MD-2012, Republic of Moldova, Europe
Printed at: see last page
ISBN: 978-620-8-15188-1

ÍNDICE DE CONTEÚDOS

Prefácio:

Num passado não muito distante, os robôs eram uma mera invenção da nossa imaginação colectiva, um elemento básico dos romances de ficção científica e dos filmes de grande sucesso. Eram representados como seres futuristas, capazes de proezas que ultrapassavam a capacidade humana, mas muitas vezes retratados com um toque de cautela, se não mesmo de medo. Avançando para o presente, encontramo-nos no limiar de uma revolução tecnológica em que os robôs já não estão confinados aos domínios da ficção. Eles são reais, estão aqui e estão a transformar o próprio tecido da nossa sociedade.

"O Futuro da Robótica" é uma exploração das inúmeras possibilidades que se avizinham no domínio da robótica. Este livro procura desmistificar os avanços da tecnologia robótica e aprofundar a forma como estas inovações irão moldar o nosso mundo nas próximas décadas. Desde o chão de fábrica dos gigantes industriais até às salas de operações dos hospitais, desde os veículos autónomos que circulam nas nossas ruas até aos assistentes com inteligência artificial nas nossas casas, os robôs estão prestes a tornar-se parte integrante da nossa vida quotidiana.

Esta viagem ao futuro da robótica abrangerá um vasto leque de tópicos, incluindo o estado atual da tecnologia robótica, os avanços no horizonte, as considerações éticas e o profundo impacto em vários sectores, como os cuidados de saúde, os transportes e o entretenimento. Também ponderaremos as implicações sociais da integração generalizada da robótica, contemplando questões sobre o emprego, a privacidade e a natureza das interações homem-robô.

Por

Dr. Ruby Jindal

(Universidade K.R. Mangalam, Gurugram, Haryana, Índia)

Capítulo 1: A evolução da robótica

Introdução à Robótica

O conceito de robô há muito que fascina a humanidade, desde os antigos mitos dos autómatos até às intrincadas engenhocas mecânicas do Renascimento e às visões futuristas da ficção científica do século XX. O próprio termo "robô" foi cunhado pelo escritor checo Karel Čapek na sua peça de 1920 "R.U.R. (Rossum's Universal Robots)", derivada da palavra eslava "robota", que significa trabalho forçado. Estas primeiras representações de robôs eram frequentemente caracterizadas pela sua forma e capacidades semelhantes às dos humanos, executando tarefas que iam desde o trabalho mundano à resolução de problemas complexos.

À medida que avançámos no século XX, a imaginação dos robôs começou a tomar uma forma mais tangível. A invenção do primeiro computador digital programável na década de 1940 preparou o terreno para o desenvolvimento da robótica tal como a conhecemos atualmente. O campo da robótica surgiu como uma área multidisciplinar que envolve engenharia mecânica, engenharia eléctrica, ciências da computação e, mais recentemente, inteligência artificial.

Marcos tecnológicos

Inovações iniciais

O percurso da robótica moderna começou com algumas inovações importantes em meados do século XX. Em 1954, George Devol inventou o primeiro robô programável e operado digitalmente, o Unimate, que foi posteriormente instalado numa fábrica da General Motors em 1961. Este robô foi utilizado para tarefas como a elevação de peças de metal quente de máquinas de fundição, marcando o início da era da robótica industrial.

A década de 1960 assistiu ao aparecimento de robots mais sofisticados, como o Stanford Arm, um braço robótico desenvolvido por Victor Scheinman em 1969. Este braço foi um dos primeiros a ser controlado por um computador, capaz de executar tarefas com um elevado grau de precisão. O desenvolvimento de sensores, actuadores e sistemas de controlo durante este período lançou as bases para sistemas robóticos mais avançados.

A ascensão da IA e da aprendizagem automática

A integração da inteligência artificial (IA) e da aprendizagem automática na robótica tem sido um dos desenvolvimentos mais significativos das últimas décadas. As décadas de 1980 e 1990 assistiram ao aparecimento de robôs capazes de perceber e responder ao seu ambiente de forma mais sofisticada. Exemplos notáveis incluem Shakey the Robot, desenvolvido pela SRI International, que foi um dos primeiros robôs a combinar capacidades de perceção, planeamento e ação.

Com o progresso da investigação em IA, os robôs começaram a incorporar algoritmos mais avançados, permitindo uma maior autonomia e adaptabilidade. O desenvolvimento das redes neuronais e da aprendizagem profunda no início da década de 2000 revolucionou a robótica, permitindo que os robôs reconhecessem padrões, aprendessem com os dados e melhorassem o seu desempenho ao longo do tempo. Estes avanços conduziram a melhorias significativas em domínios como a visão por computador, o processamento de linguagem natural e a tomada de decisões.

Estado atual da robótica

Aplicações industriais

Atualmente, os robôs são parte integrante de muitas indústrias, aumentando a produtividade, a precisão e a segurança. Na indústria transformadora, os robôs executam uma vasta gama de tarefas, desde a montagem e soldadura à pintura e inspeção de qualidade. O advento dos robôs colaborativos, ou cobots, alargou ainda mais as possibilidades, permitindo que humanos e robôs trabalhem lado a lado em segurança.

O sector da logística e do armazenamento também sofreu uma transformação significativa com a introdução de sistemas robóticos. Os robôs móveis autónomos (AMRs) são utilizados para transportar mercadorias dentro dos armazéns, optimizando a gestão do inventário e reduzindo os custos operacionais. Empresas como a Amazon foram pioneiras na utilização de robôs nos seus centros de distribuição, demonstrando a eficiência e a escalabilidade das soluções robóticas.

Inovações nos cuidados de saúde

A robótica tem feito progressos notáveis nos cuidados de saúde, em particular na cirurgia, na reabilitação e nos cuidados aos doentes. Os robôs cirúrgicos, como o Sistema Cirúrgico da Vinci, revolucionaram a cirurgia minimamente invasiva, proporcionando aos cirurgiões uma maior precisão, destreza e controlo. Estes sistemas permitem incisões mais pequenas, menor perda de sangue e tempos de recuperação mais rápidos para os doentes.

Na reabilitação, os robôs são utilizados para ajudar os doentes na fisioterapia, proporcionando movimentos consistentes e precisos que ajudam a melhorar as capacidades motoras e a força. Além disso, os exoesqueletos robóticos oferecem assistência à mobilidade de indivíduos com lesões na espinal medula ou perturbações neurológicas, melhorando a sua independência e qualidade de vida.

Robótica de serviço e pessoal

Os robôs fazem cada vez mais parte do nosso quotidiano, realizando tarefas nas nossas casas, escritórios e espaços públicos. Os robôs domésticos, como os aspiradores robóticos e os cortadores de relva, são concebidos para realizar tarefas domésticas de rotina, libertando tempo aos seus proprietários. Os robôs assistentes pessoais, como os desenvolvidos por empresas como a SoftBank Robotics e a Amazon, oferecem serviços que vão desde responder a perguntas e fornecer lembretes até ao controlo de dispositivos domésticos inteligentes.

No sector dos serviços, os robôs são utilizados em funções como o serviço ao cliente, a entrega de alimentos e a hotelaria. Por exemplo, os hotéis no Japão introduziram robôs concierges para ajudar os hóspedes no check-in e fornecer informações sobre as atracções locais. Estas aplicações realçam a crescente versatilidade e aceitação dos robôs em vários aspectos da vida quotidiana.

A evolução da robótica é um testemunho do engenho humano e da nossa busca incessante pela inovação. Desde os primórdios dos autómatos mecânicos até aos sofisticados sistemas actuais, orientados para a IA, os robôs percorreram um longo caminho. À medida que continuamos a alargar os limites do que é possível, o futuro da robótica promete ser ainda mais excitante e transformador. Nos capítulos seguintes, iremos explorar a forma como estes avanços estão a moldar diferentes indústrias, as considerações éticas que levantam e o potencial que têm para criar um mundo melhor, mais eficiente e inclusivo.

Capítulo 2: Robótica na indústria

O sector industrial tem estado na vanguarda da integração robótica, tirando partido da automatização para aumentar a produtividade, a precisão e a segurança. Sendo a espinha dorsal das economias globais, indústrias que vão desde o fabrico automóvel à eletrónica adoptaram a robótica para se manterem competitivas e satisfazerem as exigências de um mercado em rápida evolução. Neste capítulo, iremos explorar as várias aplicações da robótica na indústria, a ascensão das fábricas inteligentes e estudos de casos reais que realçam o impacto transformador da tecnologia robótica.

Automatização e eficiência

Robótica de linha de montagem

Uma das primeiras e mais impactantes aplicações da robótica na indústria é a automatização das linhas de montagem. Os robôs são ideais para tarefas repetitivas e orientadas para a precisão que exigem um desempenho consistente. No fabrico de automóveis, por exemplo, os robôs são utilizados para soldar, pintar e montar peças com um nível de precisão e velocidade que ultrapassa de longe as capacidades humanas. Estes robots não só aumentam a eficiência como também reduzem a probabilidade de erros, garantindo uma maior qualidade e consistência no produto final.

Manuseamento de materiais

O manuseamento de materiais é outra área em que os robôs têm feito incursões significativas. Os veículos guiados automaticamente (AGVs) e os robôs móveis autónomos (AMRs) são normalmente utilizados para transportar matérias-primas, componentes e produtos acabados em fábricas e armazéns. Estes robôs podem navegar em ambientes complexos utilizando sensores e algoritmos de navegação, optimizando o fluxo de materiais e reduzindo a necessidade de trabalho manual. Esta automatização não só melhora a eficiência, como também minimiza o risco de lesões no local de trabalho associadas ao manuseamento manual de cargas pesadas.

Controlo de qualidade e inspeção

Os robôs equipados com sistemas de visão e sensores avançados são cada vez mais utilizados para controlo e inspeção da qualidade. Estes robôs podem detetar defeitos e inconsistências nos produtos com um elevado grau de precisão, assegurando que apenas os produtos que cumprem normas de qualidade rigorosas chegam ao mercado. Por exemplo, na indústria eletrónica, os sistemas robóticos são utilizados para inspecionar placas de circuitos para detetar defeitos como componentes desalinhados ou problemas de soldadura. A capacidade dos robôs para efectuarem estas inspecções com rapidez e precisão ajuda os fabricantes a manterem elevados padrões de qualidade, reduzindo o desperdício e o retrabalho.

Fábricas inteligentes: A ascensão da Indústria 4.0

O conceito de Indústria 4.0, ou a quarta revolução industrial, gira em torno da integração de tecnologias digitais com processos de fabrico tradicionais para criar fábricas inteligentes. Estas fábricas tiram partido da Internet das Coisas (IoT), da inteligência artificial e da robótica para atingir níveis sem precedentes de automatização, conetividade e tomada de decisões baseadas em dados.

IoT e conetividade

Numa fábrica inteligente, as máquinas, os robôs e os sistemas estão interligados através da IoT, permitindo uma comunicação e uma troca de dados sem descontinuidades. Esta conetividade permite a monitorização e o controlo em tempo real dos processos de produção, conduzindo a uma maior eficiência e flexibilidade. Por exemplo, os sensores incorporados nos sistemas robóticos podem recolher dados sobre o desempenho, o desgaste e as condições ambientais, que podem ser analisados para prever as necessidades de manutenção e evitar períodos de inatividade.

IA e análise preditiva

A inteligência artificial desempenha um papel crucial nas fábricas inteligentes, permitindo a análise preditiva e a tomada de decisões avançadas. Os algoritmos de aprendizagem automática podem analisar grandes quantidades de dados gerados por dispositivos IoT e sistemas robóticos para identificar padrões e tendências. Esta análise pode ser utilizada para otimizar os calendários de produção, melhorar o controlo de qualidade e melhorar a gestão da cadeia de abastecimento. Por exemplo, os robôs alimentados por IA podem ajustar as suas operações com base em dados em tempo real, como alterações na procura ou na disponibilidade de matérias-primas, para garantir uma eficiência de produção óptima.

Colaboração entre humanos e robôs

Um aspeto fundamental da Indústria 4.0 é a colaboração entre humanos e robôs. Ao contrário dos robôs industriais tradicionais que operam de forma isolada, os robôs colaborativos, ou cobots, são concebidos para trabalhar em segurança ao lado de trabalhadores humanos. Os cobots estão equipados com sensores e funcionalidades de segurança que lhes permitem detetar e responder à presença humana, minimizando o risco de acidentes. Esta colaboração permite que os humanos e os robots potenciem os seus respectivos pontos fortes, com os robots a tratarem de tarefas repetitivas ou perigosas e os humanos a concentrarem-se em trabalhos mais complexos e criativos.

Estudos de casos: Histórias de sucesso da automatização robótica

A indústria automóvel

A indústria automóvel tem sido pioneira na adoção da automatização robótica. Empresas como a Tesla e a Toyota implementaram sistemas robóticos avançados nos seus processos de fabrico para melhorar a eficiência e a qualidade. As Gigafactories da Tesla, por exemplo, são famosas pelo seu elevado nível de automatização, com robôs que executam tarefas que vão desde a montagem e pintura até à inspeção de qualidade. Esta utilização alargada da robótica permitiu à Tesla escalar a produção rapidamente e manter elevados padrões de qualidade.

Fabrico de eletrónica

Na indústria eletrónica, empresas como a Foxconn integraram a robótica para racionalizar a produção e reduzir os custos de mão de obra. A Foxconn, o maior fabricante de produtos electrónicos por contrato do mundo, instalou milhares de robôs, conhecidos como Foxbots, nas suas fábricas. Estes robôs executam tarefas como a colocação de componentes, a soldadura e a inspeção, aumentando significativamente a velocidade e a precisão da produção. A adoção da robótica também ajudou a Foxconn a resolver a escassez de mão de obra e a melhorar as condições de trabalho, reduzindo a necessidade de tarefas repetitivas e fisicamente exigentes.

Comércio eletrónico e armazenamento

Os gigantes do comércio eletrónico, como a Amazon, revolucionaram as suas operações de logística e armazenamento através da utilização da robótica. Os centros de distribuição da Amazon estão equipados com sistemas robóticos que tratam de tarefas como a recolha, a embalagem e a seleção de produtos. A utilização de robôs Kiva, por exemplo, permitiu à Amazon otimizar o espaço de armazenamento e reduzir os tempos de processamento das encomendas. Estes robôs percorrem o armazém de forma autónoma, recuperando artigos e entregando-os a trabalhadores humanos para processamento final. Esta combinação de mão de obra humana e robótica permitiu à Amazon satisfazer a procura crescente de uma satisfação de encomendas rápida e fiável.

A integração da robótica na indústria representa um salto significativo em termos de eficiência, precisão e segurança. À medida que avançamos na era da Indústria 4.0, a colaboração entre humanos e robôs continuará a evoluir, abrindo novas possibilidades e transformando o panorama industrial. No próximo capítulo, exploraremos o impacto da robótica nos cuidados de saúde, onde os robôs estão a aumentar a precisão cirúrgica, a ajudar na reabilitação e a melhorar os cuidados prestados aos doentes.

Capítulo 3: Cuidados de saúde e robótica

O sector dos cuidados de saúde registou avanços notáveis através da integração da robótica, melhorando significativamente os resultados dos doentes, a precisão cirúrgica e a eficiência global dos procedimentos médicos. Os robôs no sector dos cuidados de saúde não só executam tarefas que antes eram inimagináveis, como também abrem caminho a novas metodologias de tratamento e paradigmas de cuidados aos doentes. Este capítulo analisa as várias aplicações da robótica nos cuidados de saúde, incluindo os robôs cirúrgicos, os robôs de assistência e a telemedicina, destacando os seus benefícios, desafios e potencial futuro.

Robôs cirúrgicos

Evolução dos robôs cirúrgicos

O percurso da robótica cirúrgica começou com a introdução da cirurgia assistida por robôs no final do século XX. O objetivo era melhorar a precisão e o controlo dos procedimentos cirúrgicos, minimizando a invasividade e os riscos associados. Um dos primeiros e mais significativos desenvolvimentos foi o Sistema Cirúrgico da Vinci, introduzido em 2000 pela Intuitive Surgical. Este sistema revolucionou a cirurgia minimamente invasiva ao proporcionar aos cirurgiões uma maior destreza, precisão e visualização 3D.

Vantagens da cirurgia robótica

A cirurgia robótica oferece inúmeras vantagens em relação aos métodos cirúrgicos tradicionais. Estes incluem:

- **Precisão e exatidão**: Os braços robóticos podem executar tarefas delicadas e complexas com um nível de precisão que ultrapassa a capacidade humana. Isto é particularmente vantajoso na microcirurgia e em procedimentos que envolvem estruturas anatómicas complexas.
- **Procedimentos minimamente invasivos**: Os sistemas robóticos permitem aos cirurgiões efetuar cirurgias minimamente invasivas com incisões mais pequenas, o que resulta numa menor perda de sangue, menor risco de infeção e tempos de recuperação mais rápidos para os pacientes.

- **Visualização melhorada**: Os sistemas de imagiologia avançados fornecem aos cirurgiões vistas 3D de alta definição do local da cirurgia, melhorando a sua capacidade de navegar e manipular os tecidos com precisão.

- **Redução da fadiga do cirurgião**: O design ergonómico dos sistemas robóticos reduz o esforço físico dos cirurgiões, permitindo a realização de procedimentos mais longos e complexos com maior facilidade.

Aplicações em várias especialidades

A cirurgia robótica tem encontrado aplicações numa vasta gama de especialidades médicas:

- **Cirurgia geral**: Procedimentos como a colecistectomia (remoção da vesícula biliar), a reparação de hérnias e a cirurgia bariátrica são normalmente efectuados com sistemas robóticos.

- **Cirurgia cardíaca**: As técnicas assistidas por robô são utilizadas para procedimentos como a reparação da válvula mitral e a cirurgia de revascularização do miocárdio, oferecendo opções menos invasivas aos pacientes.

- **Urologia**: Os sistemas robóticos são amplamente utilizados em prostatectomia (remoção da próstata), nefrectomia (remoção do rim) e outras cirurgias urológicas, proporcionando dissecção precisa e capacidades de reconstrução.

- **Ginecologia**: A histerectomia (remoção do útero), a miomectomia (remoção de fibróides) e outras cirurgias ginecológicas beneficiam da precisão e da invasividade mínima dos sistemas robóticos.

- **Cirurgia ortopédica**: Os robôs ajudam nas cirurgias de substituição de articulações, como as substituições da anca e do joelho, assegurando o alinhamento e o posicionamento exactos dos implantes.

Robôs de assistência

Robótica de reabilitação

A tecnologia robótica teve um impacto significativo no domínio da reabilitação, fornecendo soluções inovadoras para a fisioterapia e a recuperação. Os robôs de reabilitação são concebidos para ajudar os doentes a recuperar a mobilidade e a força após lesões, cirurgias ou doenças neurológicas.

- **Exoesqueletos**: Os exoesqueletos robóticos vestíveis ajudam as pessoas com lesões da espinal medula ou perturbações neurológicas a recuperar a mobilidade. Estes dispositivos fornecem apoio e movimento controlado para ajudar a andar e a realizar outras actividades físicas.
- **Dispositivos de terapia robótica**: Os robôs são utilizados na fisioterapia para guiar e ajudar os doentes em exercícios repetitivos, assegurando movimentos consistentes e precisos. Os exemplos incluem braços robóticos para reabilitação dos membros superiores e treinadores de marcha robóticos para terapia dos membros inferiores.
- **Integração da realidade virtual**: Alguns robôs de reabilitação estão integrados em sistemas de realidade virtual (RV) para criar ambientes de terapia envolventes e imersivos. Esta combinação aumenta a motivação do paciente e a adesão aos programas de terapia.

Robôs de assistência para a vida quotidiana

Os robôs de assistência são concebidos para ajudar as pessoas com deficiência ou mobilidade limitada nas suas actividades diárias, aumentando a sua independência e qualidade de vida.

- **Robôs de cuidados pessoais**: Robôs como o Robear, desenvolvido no Japão, ajudam a levantar e a transferir doentes, reduzindo o esforço físico dos prestadores de cuidados e assegurando um manuseamento seguro e digno de indivíduos com dificuldades de mobilidade.
- **Robôs de companhia**: Os robôs de assistência social, como a Paro, a foca robô terapêutica, proporcionam companhia e apoio emocional a pessoas idosas e com deficiências cognitivas. Estes robôs ajudam a aliviar a solidão e a melhorar o bem-estar mental.
- **Sistemas de automação residencial**: Os sistemas robóticos integrados com tecnologia doméstica inteligente permitem que as pessoas com deficiência controlem os electrodomésticos, a iluminação e os sistemas de segurança através de comandos de voz ou de aplicações móveis, aumentando a sua autonomia e comodidade.

Telemedicina e robótica

Melhorar os cuidados de saúde à distância

A telemedicina ganhou uma força significativa nos últimos anos, especialmente com o advento de sistemas robóticos avançados que permitem o diagnóstico, a consulta e até a cirurgia à distância.

- **Robôs de telepresença**: Os robôs de telepresença, equipados com câmaras e sistemas de comunicação, permitem aos profissionais de saúde realizar consultas virtuais com os doentes. Estes robots podem navegar nas enfermarias dos hospitais, clínicas e até nas casas dos doentes, proporcionando uma presença física aos prestadores de cuidados de saúde à distância.

- **Telerobótica robótica**: Os sistemas telerrobóticos permitem aos cirurgiões efetuar operações em doentes localizados a quilómetros de distância. Utilizando ligações à Internet de alta velocidade e instrumentos robóticos, os cirurgiões podem controlar braços robóticos com precisão, permitindo a realização de procedimentos cirúrgicos complexos à distância. Esta tecnologia é particularmente valiosa na prestação de cuidados especializados a doentes em áreas remotas ou mal servidas.

- **Monitorização e diagnóstico remotos**: Os robôs equipados com sensores e ferramentas de diagnóstico podem monitorizar os sinais vitais dos doentes, recolher dados e transmiti-los aos prestadores de cuidados de saúde em tempo real. Esta monitorização contínua ajuda na deteção precoce de problemas de saúde e na intervenção atempada.

Desafios e direcções futuras

Desafios dos cuidados de saúde robóticos

Embora a integração da robótica nos cuidados de saúde tenha trazido inúmeros benefícios, também apresenta vários desafios:

- **Custo**: O elevado custo dos sistemas robóticos e da sua manutenção pode constituir um obstáculo à sua adoção generalizada, sobretudo em contextos de recursos limitados.

- **Formação e conhecimentos especializados**: A utilização efectiva de sistemas robóticos requer formação e conhecimentos especializados. É fundamental garantir que os profissionais de saúde tenham formação adequada para operar e manter estes sistemas.

- **Considerações regulamentares e éticas**: A utilização de robôs nos cuidados de saúde levanta questões regulamentares e éticas relacionadas com a segurança dos doentes, a privacidade dos dados e a potencial deslocação de postos de trabalho. A resolução destas questões é essencial para garantir uma utilização responsável e equitativa da tecnologia robótica.

Direcções futuras

O futuro da robótica nos cuidados de saúde encerra um imenso potencial para novos avanços e inovações:

- **Integração da IA e da aprendizagem automática**: A integração contínua da IA e da aprendizagem automática nos sistemas robóticos irá melhorar as suas capacidades, permitindo uma tomada de decisões mais autónoma e inteligente. Isto conduzirá a tratamentos mais personalizados e precisos.
- **Nanorrobótica**: O desenvolvimento de nanorrobôs para a administração de medicamentos específicos e procedimentos minimamente invasivos é promissor para revolucionar domínios como a oncologia e a neurologia.
- **Robótica vestível**: Os avanços na robótica vestível e nos dispositivos bio-integrados proporcionarão novas soluções para a reabilitação e os cuidados de assistência, oferecendo maior mobilidade e funcionalidade às pessoas com deficiência.
- **Acesso global**: Os esforços para reduzir o custo dos sistemas robóticos e aumentar a sua acessibilidade permitirão que mais instalações de cuidados de saúde em todo o mundo beneficiem da tecnologia robótica, melhorando os resultados dos cuidados de saúde a nível mundial.

A integração da robótica nos cuidados de saúde já transformou profundamente este sector, oferecendo novas possibilidades de diagnóstico, tratamento e cuidados aos doentes. À medida que a tecnologia continua a avançar, o papel dos robôs nos cuidados de saúde não deixará de crescer, proporcionando soluções inovadoras para alguns dos desafios médicos mais prementes. No próximo capítulo, exploraremos o impacto da robótica nos transportes, centrando-nos no desenvolvimento e implantação de veículos autónomos e no seu potencial para remodelar as nossas cidades e estilos de vida.

Capítulo 4: Veículos autónomos

O advento dos veículos autónomos (AVs) vai revolucionar os transportes, prometendo estradas mais seguras, menos congestionamentos e uma logística mais eficiente. Os veículos autónomos englobam uma série de tecnologias, desde carros e camiões autónomos a drones e transportes públicos autónomos. Este capítulo analisa o desenvolvimento e a implementação de veículos autónomos, explorando os seus benefícios, desafios e o impacto transformador que poderão ter nas nossas cidades e estilos de vida.

O caminho a seguir: Desenvolvimento de veículos autónomos

Evolução dos veículos autónomos

O conceito de veículos autónomos tem fascinado engenheiros e futuristas durante décadas. A viagem começou em meados do século XX com projectos experimentais e protótipos, mas foram feitos progressos significativos nas últimas duas décadas.

- **Os primeiros protótipos**: A década de 1980 assistiu ao desenvolvimento de alguns dos primeiros protótipos de veículos autónomos. O Navlab da Universidade Carnegie Mellon e a carrinha robótica da Mercedes-Benz, VaMP, são exemplos notáveis. Estes veículos eram capazes de navegar em rotas predefinidas, mas necessitavam de um vasto apoio de infra-estruturas e eram limitados em termos de capacidade.
- **Desafios da DARPA**: No início da década de 2000, a Defense Advanced Research Projects Agency (DARPA) organizou uma série de competições, conhecidas como DARPA Grand Challenges, para acelerar o desenvolvimento de veículos autónomos. Estes desafios reuniram equipas do meio académico e da indústria, conduzindo a avanços significativos na tecnologia AV.
- **AVs modernos**: Empresas como a Google (agora Waymo), Tesla, Uber e fabricantes de automóveis tradicionais, como a General Motors e a Ford, investiram fortemente no desenvolvimento de tecnologia de veículos autónomos. Os AVs actuais utilizam sensores avançados, algoritmos de aprendizagem automática e mapeamento de alta definição para navegar em ambientes complexos com o mínimo de intervenção humana.

Tecnologias de base

O desenvolvimento de veículos autónomos assenta num conjunto de tecnologias sofisticadas, cada uma das quais desempenha um papel crucial para permitir capacidades de condução autónoma seguras e eficientes.

- **Sensores e perceção**: Os AV estão equipados com uma variedade de sensores, incluindo LiDAR (Light Detection and Ranging), radar, câmaras e sensores ultra-sónicos. Estes sensores recolhem dados em tempo real sobre a envolvente do veículo, permitindo-lhe perceber e interpretar o seu ambiente.
- **Aprendizagem automática e IA**: Os algoritmos de aprendizagem automática processam as grandes quantidades de dados gerados pelos sensores, permitindo que o veículo reconheça objectos, preveja os seus movimentos e tome decisões informadas. Os modelos de aprendizagem profunda, em particular, têm sido fundamentais para o avanço das capacidades de perceção e de tomada de decisões.
- **Mapeamento de alta definição**: Os veículos autónomos dependem de mapas detalhados para navegarem com precisão. Estes mapas de alta definição fornecem informações sobre a geometria da estrada, sinais de trânsito, marcações de faixa e outros elementos críticos da infraestrutura.
- **Sistemas de controlo**: O sistema de controlo de um AV é responsável pela execução das decisões de condução. Gere a aceleração, a travagem, a direção e outras funções para garantir um funcionamento seguro e suave.

Benefícios dos veículos autónomos

Segurança

Um dos benefícios mais significativos dos veículos autónomos é o seu potencial para melhorar a segurança rodoviária. O erro humano é uma das principais causas de acidentes rodoviários e os veículos autónomos têm o potencial de eliminar muitos desses erros.

- **Redução de acidentes**: Os veículos autónomos são concebidos para seguir as regras de trânsito, manter distâncias seguras e reagir mais rapidamente do que os condutores humanos a situações inesperadas. Isto pode reduzir significativamente o número de acidentes causados por condução imprudente, fadiga ou distracções.

- **Melhoria da resposta a emergências**: Os AV podem comunicar com os serviços de emergência e fornecer informações pormenorizadas sobre os acidentes, permitindo uma resposta de emergência mais rápida e eficiente.

Eficiência e conveniência

Os veículos autónomos podem otimizar o fluxo de tráfego e reduzir o congestionamento, conduzindo a sistemas de transporte mais eficientes.

- **Gestão do tráfego**: Os AV podem comunicar entre si e com os sistemas de gestão do tráfego para otimizar o encaminhamento e reduzir os estrangulamentos. Isto pode levar a um fluxo de tráfego mais suave e a tempos de deslocação mais curtos.

- **Redução dos problemas de estacionamento**: Os automóveis com condução autónoma podem deixar os passageiros e estacionar sozinhos, reduzindo a necessidade de lugares de estacionamento urbano e tornando os centros das cidades mais acessíveis.

Impacto ambiental

A adoção generalizada de veículos autónomos poderá ter efeitos ambientais positivos, reduzindo as emissões e promovendo práticas de transporte sustentáveis.

- **Condução optimizada**: Os AVs podem otimizar os padrões de condução para reduzir o consumo de combustível e as emissões. Podem também promover a utilização de veículos eléctricos (VEs), integrando-se perfeitamente na infraestrutura de carregamento.

- **Redução da propriedade de automóveis**: O aumento dos serviços autónomos de partilha de boleias poderá reduzir a necessidade de possuir um automóvel individual, conduzindo a menos veículos na estrada e a menos emissões globais.

Desafios e soluções

Segurança e fiabilidade

É fundamental garantir a segurança e a fiabilidade dos veículos autónomos. Os AV devem ser capazes de lidar com uma vasta gama de cenários de condução e funcionar com segurança em várias condições.

- **Casos extremos**: Os veículos autónomos devem ser capazes de lidar com cenários raros e complexos, conhecidos como casos extremos, que podem não ser encontrados durante os testes regulares. A aprendizagem contínua e os testes alargados no mundo real são essenciais para enfrentar estes desafios.
- **Aprovação regulamentar**: A obtenção de aprovação regulamentar para veículos autónomos requer a demonstração da sua segurança e fiabilidade. Os governos e os organismos reguladores têm de estabelecer diretrizes claras e normas de teste para os AVs.

Considerações éticas e jurídicas

A implantação de veículos autónomos levanta várias questões éticas e jurídicas que têm de ser abordadas.

- **Tomada de decisões em situações de crise**: Os AVs devem ser programados para tomar decisões éticas em situações de emergência, como escolher entre dois resultados potencialmente prejudiciais. O desenvolvimento de quadros éticos para estas decisões é um desafio complexo e contínuo.
- **Responsabilidade e seguro**: Determinar a responsabilidade no caso de um acidente que envolva um veículo autónomo é um desafio jurídico significativo. São necessários regulamentos claros e quadros de seguro para resolver estas questões.

Infra-estruturas e integração

A implantação bem sucedida de veículos autónomos exige infra-estruturas de apoio e integração com os sistemas de transporte existentes.

- **Infra-estruturas rodoviárias**: É essencial atualizar a infraestrutura rodoviária para suportar os veículos autónomos, incluindo a instalação de sinais de trânsito inteligentes e sistemas de comunicação. Os governos e os responsáveis pelo planeamento das cidades têm de investir em melhorias das infra-estruturas para facilitar a implantação de AV.

- **Conectividade**: A conetividade fiável e de alta velocidade é crucial para que os veículos autónomos comuniquem entre si e com os sistemas de gestão do tráfego. A expansão das redes 5G pode fornecer a largura de banda necessária e a baixa latência para a troca de dados em tempo real.

O futuro dos transportes

Mobilidade urbana

Os veículos autónomos têm o potencial de transformar a mobilidade urbana, tornando as cidades mais eficientes e habitáveis.

- **Partilha autónoma de boleias**: A proliferação de serviços autónomos de partilha de boleias poderá reduzir o congestionamento do tráfego e diminuir os custos de transporte. Empresas como a Waymo e a Uber já estão a testar serviços de transporte autónomo de passageiros em cidades selecionadas.
- **Transporte público**: Os autocarros e vaivéns autónomos podem proporcionar opções de transporte público flexíveis e eficientes, reduzindo a necessidade de possuir um automóvel particular e melhorando a acessibilidade nas zonas urbanas.

Transporte de longa distância e de mercadorias

Os veículos autónomos vão revolucionar as viagens de longa distância e o transporte de mercadorias, aumentando a eficiência e reduzindo os custos.

- **Camiões autónomos**: Os camiões autónomos podem operar continuamente sem necessidade de pausas para descanso, melhorando a eficiência do transporte de mercadorias. Empresas como a Tesla, a Embark e a TuSimple estão a desenvolver soluções de camiões autónomos para satisfazer a crescente procura de eficiência logística e da cadeia de abastecimento.
- **Drones**: Estão a ser desenvolvidos drones autónomos para a entrega de carga, especialmente para a entrega de última milha em zonas urbanas e rurais. Estes drones podem navegar em ambientes complexos e entregar mercadorias de forma rápida e eficiente.

Impacto social

A adoção generalizada de veículos autónomos terá impactos sociais profundos, afectando o emprego, o planeamento urbano e as escolhas de estilo de vida.

- **Emprego**: A transição para os veículos autónomos terá impacto no emprego em profissões relacionadas com a condução, como os condutores de camiões e os taxistas. Devem ser envidados esforços para proporcionar reconversão e apoio aos trabalhadores afectados.
- **Planeamento urbano**: As cidades terão de se adaptar à presença de veículos autónomos, redesenhando as ruas, o estacionamento e os espaços públicos. A redução da procura de estacionamento poderá libertar espaço para parques, zonas pedonais e outras comodidades comunitárias.
- **Mudanças no estilo de vida**: Os veículos autónomos poderão alterar a forma como as pessoas vivem e trabalham, permitindo deslocações pendulares mais longas e condições de vida mais flexíveis. A conveniência dos veículos autónomos pode também levar a uma maior mobilidade para pessoas que atualmente não podem conduzir, como os idosos e os deficientes.

O desenvolvimento e a implantação de veículos autónomos representam um salto significativo na tecnologia dos transportes. Embora existam desafios a ultrapassar, os potenciais benefícios em termos de segurança, eficiência e impacto ambiental são imensos. À medida que continuamos a inovar e a aperfeiçoar estas tecnologias, os veículos autónomos desempenharão um papel cada vez mais importante na definição do futuro dos transportes e da vida urbana. No próximo capítulo, exploraremos a integração da robótica na vida quotidiana, analisando a forma como os robôs se estão a tornar assistentes indispensáveis nas nossas casas, locais de trabalho e espaços públicos.

Capítulo 5: A robótica na vida quotidiana

A integração da robótica na vida quotidiana está a transformar a forma como vivemos, trabalhamos e interagimos com o que nos rodeia. Desde casas inteligentes a assistentes pessoais e robôs de serviço público, estas tecnologias estão a tornar-se parte integrante das nossas rotinas diárias. Este capítulo explora as várias aplicações da robótica nas nossas casas, locais de trabalho e espaços públicos, destacando os seus benefícios, desafios e o potencial futuro destas tecnologias.

Casas inteligentes: A ascensão da robótica doméstica

Sistemas de automação residencial

Os sistemas de domótica, frequentemente designados por tecnologias para casas inteligentes, utilizam a robótica para criar um ambiente de vida mais cómodo, eficiente e seguro.

- **Electrodomésticos inteligentes**: Muitas casas modernas estão equipadas com electrodomésticos inteligentes que podem ser controlados remotamente através de smartphones ou comandos de voz. Os exemplos incluem frigoríficos inteligentes que controlam o inventário de alimentos e sugerem receitas, fornos inteligentes que podem ser pré-aquecidos a partir de uma aplicação móvel e máquinas de lavar inteligentes que optimizam a utilização de água e energia.
- **Iluminação e controlo da climatização**: Os sistemas de iluminação inteligentes podem ser programados para se ajustarem com base na hora do dia ou na ocupação, enquanto os termóstatos inteligentes aprendem as preferências do utilizador e optimizam o aquecimento e a refrigeração para conforto e eficiência energética. Estes sistemas também podem ser controlados remotamente, proporcionando flexibilidade e comodidade.
- **Sistemas de segurança**: Os sistemas avançados de segurança doméstica incluem fechaduras inteligentes, campainhas de vídeo e câmaras de vigilância. Estes dispositivos utilizam a IA para detetar actividades invulgares e enviar alertas aos proprietários, aumentando a segurança e a paz de espírito.

Robôs domésticos

As tecnologias robóticas estão a ser cada vez mais integradas nas tarefas domésticas, tornando as tarefas quotidianas mais fáceis e mais eficientes.

- **Aspiradores de pó robóticos**: Robôs como o Roomba tornaram-se dispositivos domésticos populares, navegando e limpando o chão de forma autónoma. Equipados com sensores e IA, estes robots podem mapear a disposição da casa, evitar obstáculos e regressar às suas estações de carregamento quando necessário.

- **Cortadores de relva robóticos**: Semelhante aos aspiradores robóticos, os cortadores de relva robóticos mantêm os relvados cortando a relva de forma autónoma. Estes robots podem ser programados para seguir padrões e horários específicos, assegurando um jardim bem mantido com o mínimo de intervenção humana.

- **Robôs de cozinha**: Os robots de cozinha, como as máquinas de café inteligentes e os sous-chefs robóticos, ajudam na preparação das refeições. Alguns modelos avançados podem cortar legumes, misturar ingredientes e até cozinhar refeições completas, tornando a cozinha caseira mais acessível e agradável.

Assistentes pessoais

Os robots assistentes pessoais são concebidos para prestar apoio e companhia, melhorando a qualidade de vida das pessoas, em especial dos idosos e das pessoas com deficiência.

- **Assistentes de voz**: Dispositivos como o Amazon Echo (Alexa), o Google Home (Assistente do Google) e o Apple HomePod (Siri) estão a tornar-se centros de controlo para sistemas domésticos inteligentes. Estes assistentes activados por voz podem responder a perguntas, controlar dispositivos domésticos inteligentes, definir lembretes e reproduzir música, entre outras tarefas.

- **Robôs de companhia**: Robôs como o Jibo e o ElliQ foram concebidos para proporcionar companhia e apoio a pessoas idosas. Podem participar em conversas, lembrar os utilizadores de tomar medicamentos e ajudar nas actividades diárias, ajudando a reduzir a solidão e a melhorar o bem-estar mental.

Robótica no local de trabalho

Automatização e produtividade

O local de trabalho está a ser transformado pela robótica, conduzindo a um aumento da produtividade, eficiência e segurança em vários sectores.

- **Robôs de escritório**: Em ambientes de escritório, os robôs podem tratar de tarefas repetitivas, como a introdução de dados, a gestão de documentos e a programação. O software de automatização de processos robóticos (RPA) automatiza as tarefas administrativas de rotina, permitindo que os funcionários se concentrem em actividades mais estratégicas.

- **Robôs colaborativos (Cobots)**: Os cobots são concebidos para trabalhar em conjunto com trabalhadores humanos, aumentando a produtividade e a segurança. Em ambientes de fabrico, os cobots ajudam em tarefas como a montagem, a embalagem e o controlo de qualidade. Podem adaptar-se a fluxos de trabalho em mudança e são facilmente programáveis, o que os torna ferramentas versáteis em ambientes de trabalho dinâmicos.

- **Logística e armazenamento**: Os robôs desempenham um papel crucial na logística e no armazenamento, onde automatizam tarefas como a recolha, a embalagem e a triagem. Os robôs móveis autónomos (AMRs) navegam nos armazéns para transportar mercadorias, reduzindo a necessidade de trabalho manual e melhorando a eficiência.

Reforçar a segurança no local de trabalho

Os robôs são fundamentais para melhorar a segurança no local de trabalho, assumindo tarefas perigosas e reduzindo o risco de lesões.

- **Robôs de segurança industrial**: Em indústrias como a construção e a exploração mineira, os robôs executam tarefas perigosas como levantamento de pesos, escavação e inspeção em ambientes perigosos. Estes robots ajudam a evitar acidentes e a garantir a segurança dos trabalhadores.

- **Robôs de monitorização da saúde**: Nos escritórios, os robôs equipados com sensores podem monitorizar as condições ambientais, como a qualidade do ar e a temperatura, garantindo um espaço de trabalho saudável e confortável. Além disso, os robôs podem ajudar nas avaliações ergonómicas e recomendar ajustes para reduzir o risco de lesões músculo-esqueléticas.

Robótica em espaços públicos

Serviço e hospitalidade

Os robôs estão a ser cada vez mais utilizados em espaços públicos, melhorando a prestação de serviços e as experiências dos clientes.

- **Robôs de serviço**: Em restaurantes, hotéis e ambientes de retalho, os robôs de serviço ajudam em tarefas como a receção de pedidos, a entrega de comida e as perguntas dos clientes. Estes robôs fornecem um serviço eficiente e consistente, libertando o pessoal humano para se concentrar em interações mais personalizadas.
- **Robôs de hotelaria**: Nos hotéis, robôs como o Connie da Hilton e o Botlr da Marriott prestam serviços de concierge, guiando os hóspedes até aos seus quartos, entregando-lhes comodidades e oferecendo informações sobre as atracções locais. Estes robots melhoram a experiência dos hóspedes e aumentam a eficiência operacional.

Segurança pública e proteção

Os robôs desempenham um papel vital no reforço da segurança pública, desde a vigilância e patrulhamento até à resposta a emergências.

- **Robôs de patrulha de segurança**: Os robôs equipados com câmaras, sensores e capacidades de IA são utilizados para patrulhar espaços públicos como aeroportos, centros comerciais e campus. Estes robôs podem detetar e comunicar actividades suspeitas, proporcionando uma camada adicional de segurança.
- **Robôs de resposta a emergências**: Em cenários de catástrofe, os robôs são utilizados para operações de busca e salvamento, combate a incêndios e manuseamento de materiais perigosos. Equipados com sensores e ferramentas de comunicação, estes robôs podem navegar em ambientes perigosos, localizar sobreviventes e fornecer informações em tempo real às equipas de emergência.

Mobilidade urbana

Os robôs estão a contribuir para soluções de mobilidade urbana, tornando os transportes mais eficientes e acessíveis.

- **Autocarros autónomos**: Os vaivéns autónomos estão a ser testados e implantados em áreas urbanas para proporcionar um transporte público conveniente e eficiente. Estes vaivéns operam em rotas fixas, reduzindo o congestionamento do tráfego e oferecendo uma alternativa à propriedade de automóveis particulares.

- **Robôs de entrega**: Os robôs de entrega autónomos, como os desenvolvidos pela Starship Technologies e pela Nuro, estão a ser utilizados para a entrega de mercadorias na última milha. Estes robôs navegam em passeios e ruas para entregar encomendas e mercearias diretamente à porta dos clientes, aumentando a comodidade e reduzindo os tempos de entrega.

Desafios e direcções futuras

Integração e interoperabilidade

A integração da robótica na vida quotidiana apresenta desafios relacionados com a interoperabilidade e a normalização.

- **Interoperabilidade**: Garantir que diferentes sistemas e dispositivos robóticos possam comunicar e trabalhar em conjunto sem problemas é crucial para o funcionamento eficiente de casas, locais de trabalho e espaços públicos inteligentes. O desenvolvimento de normas e protocolos comuns é essencial para alcançar esta interoperabilidade.

- **Aceitação do utilizador**: Ganhar a aceitação e a confiança dos utilizadores nos sistemas robóticos é vital para a sua adoção generalizada. Isto implica resolver as preocupações relacionadas com a privacidade, a segurança e a fiabilidade, e garantir que os robôs sejam fáceis de utilizar e intuitivos para interagir.

Considerações éticas e de privacidade

A utilização de robôs na vida quotidiana suscita preocupações éticas e de privacidade que devem ser abordadas.

- **Privacidade**: Os robôs equipados com câmaras e sensores recolhem grandes quantidades de dados, o que suscita preocupações quanto à privacidade e à segurança dos dados. Devem ser implementadas medidas robustas para proteger os dados dos utilizadores e garantir a conformidade com as normas de privacidade.

- **Considerações éticas**: As implicações éticas do facto de os robôs assumirem funções tradicionalmente desempenhadas por seres humanos, como a prestação de cuidados e o atendimento ao cliente, devem ser cuidadosamente consideradas. A garantia de que os robots são utilizados para aumentar as capacidades humanas e não para as substituir é fundamental para responder a estas preocupações éticas.

Inovações futuras

O futuro da robótica na vida quotidiana oferece possibilidades interessantes para novos avanços e inovações.

- **IA avançada e aprendizagem automática**: Os avanços contínuos na IA e na aprendizagem automática permitirão que os robots se tornem mais inteligentes, adaptáveis e capazes de realizar tarefas complexas. Isto conduzirá a assistentes robóticos mais personalizados e eficientes.

- **Robôs vestíveis**: O desenvolvimento de dispositivos robóticos portáteis, como exoesqueletos e próteses inteligentes, proporcionará novas soluções para a mobilidade e a reabilitação, melhorando a qualidade de vida das pessoas com deficiência.

- **Robótica de enxame**: A robótica de enxame, em que vários robôs trabalham em conjunto para atingir um objetivo comum, tem o potencial de revolucionar aplicações como a resposta a catástrofes, a monitorização ambiental e o planeamento urbano.

A integração da robótica na vida quotidiana está a transformar as nossas casas, locais de trabalho e espaços públicos, oferecendo novos níveis de conveniência, eficiência e segurança. À medida que a tecnologia continua a avançar, os robôs tornar-se-ão cada vez mais capazes e omnipresentes, desempenhando um papel essencial na definição do futuro da nossa vida quotidiana. No próximo capítulo, exploraremos o impacto da robótica na educação e na aprendizagem, analisando a forma como os robôs estão a melhorar os métodos de ensino, a fomentar a criatividade e a preparar a próxima geração para um mundo em rápida mudança.

Capítulo 6: Robótica no ensino e na aprendizagem

A incorporação da robótica no ensino e na aprendizagem está a transformar a forma como os alunos se envolvem com a tecnologia e adquirem novas competências. A robótica não é apenas um tema de estudo, mas também uma ferramenta que melhora os métodos de ensino, promove a criatividade e prepara os alunos para futuras carreiras num mundo orientado para a tecnologia. Este capítulo explora as várias aplicações da robótica na educação, destacando os seus benefícios, desafios e o potencial impacto futuro nos ambientes de aprendizagem.

O papel da robótica na educação

Melhorar a educação STEM

A robótica desempenha um papel fundamental no reforço do ensino STEM (Ciência, Tecnologia, Engenharia e Matemática), proporcionando experiências de aprendizagem práticas e interactivas.

- **Aprendizagem prática**: Os kits de robótica, como o LEGO Mindstorms e o VEX Robotics, permitem aos alunos construir e programar robôs, proporcionando uma forma tangível de aplicar conceitos teóricos em ciências e engenharia. Estas actividades ajudam os alunos a compreender princípios complexos através da aplicação prática.
- **Capacidade de resolução de problemas**: O envolvimento em projectos de robótica exige que os alunos resolvam problemas do mundo real, promovendo o pensamento crítico e as competências analíticas. Os alunos aprendem a resolver problemas, a iterar e a melhorar os seus projectos, que são competências essenciais nos domínios STEM.
- **Codificação e programação**: Aprender a programar é uma competência fundamental na era digital, e a robótica é uma forma interessante de ensinar programação. Plataformas como Scratch, Python e RobotC são normalmente utilizadas para programar robôs educativos, ajudando os alunos a desenvolver as suas capacidades de programação num ambiente divertido e interativo.

A robótica como ferramenta de ensino

A robótica pode ser utilizada como uma ferramenta de ensino versátil em várias disciplinas, e não apenas nas STEM, para aumentar a participação dos alunos e os resultados da aprendizagem.

- **Matemática**: Os robots podem ser programados para seguir caminhos específicos ou realizar tarefas que requerem cálculos matemáticos, tais como medir distâncias, ângulos e coordenadas. Esta aplicação prática de conceitos matemáticos ajuda os alunos a compreender e a reter melhor os princípios matemáticos.
- **Artes da Linguagem**: Os robôs podem ser utilizados para criar experiências interactivas de narração de histórias, em que os alunos programam robôs para representar cenas de histórias que escreveram ou leram. Esta atividade aumenta a criatividade e as competências linguísticas, integrando simultaneamente a tecnologia no processo de aprendizagem.
- **Estudos sociais**: A robótica pode ser utilizada para simular acontecimentos históricos, explorações geográficas e estudos culturais. Por exemplo, os alunos podem programar robôs para navegarem em mapas ou reconstituírem acontecimentos históricos, tornando os estudos sociais mais interessantes e interactivos.

Fomentar a criatividade e a inovação

Movimento Maker e Robótica

O Movimento Maker, que dá ênfase ao DIY (do-it-yourself) e à criatividade prática, encontrou na robótica um aliado natural. Os espaços Maker e os Fab Labs nas escolas dão aos alunos acesso a ferramentas e recursos para conceber, construir e experimentar projectos de robótica.

- **Inovação e experimentação**: Os espaços Maker incentivam os alunos a experimentar as suas ideias, promovendo uma cultura de inovação. Os alunos podem utilizar impressoras 3D, cortadores a laser e outras ferramentas para criar peças personalizadas para os seus robôs, ultrapassando os limites da sua criatividade.

- **Colaboração e trabalho de equipa**: Os projectos de robótica nos espaços maker requerem frequentemente colaboração, promovendo o trabalho em equipa e as competências de comunicação. Os alunos trabalham em conjunto para debater ideias, resolver problemas e construir os seus robôs, aprendendo a importância da cooperação e do esforço coletivo.

Concursos e desafios

Os concursos e desafios de robótica oferecem aos alunos a oportunidade de aplicarem as suas competências num ambiente competitivo e de colaboração.

- **FIRST Robotics**: A competição de robótica FIRST (For Inspiration and Recognition of Science and Technology) é uma das competições de robótica mais proeminentes para estudantes. Equipas de estudantes concebem, constroem e programam robôs para competir em desafios específicos, promovendo o trabalho de equipa, a criatividade e as competências técnicas.

- **RoboCup**: A RoboCup é uma competição internacional de robótica que se centra em robôs autónomos que jogam futebol. A competição tem como objetivo fazer avançar a investigação em robótica e IA, proporcionando simultaneamente uma plataforma estimulante e desafiante para os estudantes mostrarem os seus talentos.

- **Competição de Robótica VEX**: A Competição de Robótica VEX oferece vários desafios para estudantes de todas as idades, promovendo a educação STEM através da robótica. As equipas concebem, constroem e programam robôs para competir em jogos que testam as suas capacidades de engenharia e programação.

Preparar os alunos para o futuro

Preparação para a carreira

O ensino da robótica dota os alunos das competências e conhecimentos necessários para futuras carreiras nos domínios da tecnologia e da engenharia.

- **Competências técnicas**: Aprender a construir e programar robôs proporciona aos alunos uma base sólida em competências técnicas, incluindo codificação, eletrónica, mecânica e integração de sistemas.

Estas competências são muito valiosas em muitos sectores orientados para a tecnologia.

- **Competências transversais**: Os projectos de robótica também desenvolvem competências transversais essenciais, como a resolução de problemas, o pensamento crítico, a comunicação e o trabalho em equipa. Estas competências são cruciais para o sucesso em qualquer carreira e são muito procuradas pelos empregadores.
- **Parcerias com a indústria**: Muitas escolas colaboram com parceiros da indústria para proporcionar aos alunos experiências reais no domínio da robótica. Estágios, programas de orientação e competições patrocinadas pela indústria ajudam os alunos a obter conhecimentos práticos e a criar ligações na indústria tecnológica.

Educação inclusiva

O ensino da robótica tem o potencial de tornar a aprendizagem mais inclusiva e acessível a todos os alunos, independentemente das suas origens ou capacidades.

- **Envolver diversos alunos**: Os projectos de robótica podem envolver alunos com diferentes estilos e interesses de aprendizagem. As actividades práticas e interactivas apelam aos alunos cinestésicos, enquanto as tarefas de programação e resolução de problemas envolvem os pensadores analíticos.
- **Apoio a necessidades especiais**: A robótica também pode apoiar os alunos com necessidades especiais, proporcionando experiências de aprendizagem adaptadas. Por exemplo, os robôs podem ajudar no treino de competências sociais para alunos com autismo ou prestar assistência física a alunos com dificuldades de mobilidade.
- **Colmatar a** diferença **de género**: Os esforços para incluir mais raparigas nos programas de robótica estão a ajudar a colmatar a diferença de género nas áreas STEM. Iniciativas como a Girls Who Code e equipas de robótica só para raparigas incentivam as estudantes do sexo feminino a perseguir os seus interesses em tecnologia e engenharia.

Desafios e direcções futuras

Acesso e equidade

Garantir que todos os alunos tenham acesso ao ensino da robótica é um desafio importante que tem de ser enfrentado.

- **Alocação de recursos**: Os programas de robótica podem ser dispendiosos, exigindo investimento em equipamento, software e formação. As escolas de comunidades carenciadas podem ter dificuldade em fornecer estes recursos, o que leva a disparidades no acesso ao ensino da robótica.
- **Formação de professores**: Um ensino eficaz da robótica exige professores com conhecimentos e confiança na utilização da tecnologia robótica. Proporcionar desenvolvimento profissional e apoio contínuo aos professores é essencial para garantir um ensino de elevada qualidade.
- **Fosso digital**: O fosso digital, ou o fosso entre os que têm acesso à tecnologia e os que não têm, pode limitar as oportunidades de os alunos se envolverem com a robótica. Os esforços para fornecer tecnologia acessível e económica são fundamentais para colmatar este fosso.

Integração curricular

A integração da robótica no currículo requer um planeamento cuidadoso e o alinhamento com os padrões educativos.

- **Conceção do currículo**: Desenvolver um currículo que incorpore a robótica e, ao mesmo tempo, cumpra os padrões educativos pode ser um desafio. As escolas têm de equilibrar as actividades de robótica com os requisitos de outras disciplinas e garantir que os objectivos de aprendizagem são cumpridos.
- **Avaliação e avaliação**: Avaliar o progresso dos alunos no ensino da robótica pode ser complexo, uma vez que envolve tanto competências técnicas como competências transversais. O desenvolvimento de ferramentas e métodos de avaliação eficazes é crucial para medir a aprendizagem e os resultados dos alunos.
- **Sustentabilidade**: Garantir a sustentabilidade dos programas de robótica requer financiamento contínuo, apoio e compromisso por parte dos

administradores escolares e dos decisores políticos. O planeamento e o investimento a longo prazo são necessários para manter e expandir as iniciativas de ensino da robótica.

Inovações futuras

O futuro da robótica no sector da educação oferece possibilidades interessantes para novos avanços e inovações.

- **IA e aprendizagem automática**: A integração da IA e da aprendizagem automática nos robôs educativos permitirá experiências de aprendizagem mais personalizadas e adaptáveis. Os robôs podem analisar o desempenho dos alunos e adaptar as actividades às necessidades individuais de aprendizagem, fornecendo apoio e feedback personalizados.
- **Realidade virtual e aumentada**: A combinação da robótica com a realidade virtual e aumentada (RV/RA) pode criar ambientes de aprendizagem imersivos. Os alunos podem interagir com robôs virtuais, simular cenários do mundo real e explorar conceitos complexos de uma forma prática.
- **Ensino à distância e em linha**: A pandemia da COVID-19 acelerou a adoção da aprendizagem à distância e em linha. O ensino da robótica pode tirar partido das plataformas em linha para proporcionar laboratórios de robótica virtuais, desafios de programação à distância e projectos de colaboração, tornando o ensino da robótica mais acessível aos estudantes de todo o mundo.

A integração da robótica no ensino e na aprendizagem está a transformar a forma como os alunos se envolvem com a tecnologia, adquirem novas competências e se preparam para futuras carreiras. À medida que a tecnologia continua a avançar, a robótica desempenhará um papel cada vez mais importante na definição do futuro da educação, proporcionando experiências de aprendizagem inovadoras e inclusivas a estudantes de todas as idades e origens. No próximo capítulo, iremos explorar o papel da robótica na conservação ambiental, analisando a forma como os robôs estão a ser utilizados para monitorizar ecossistemas, combater as alterações climáticas e proteger espécies ameaçadas.

Capítulo 7: Robótica na conservação do ambiente

A robótica está a desempenhar um papel transformador na conservação ambiental, permitindo uma monitorização mais eficiente dos ecossistemas, o combate às alterações climáticas e a proteção de espécies ameaçadas. Este capítulo explora as várias aplicações da robótica na conservação ambiental, destacando os seus benefícios, desafios e o potencial impacto futuro na preservação dos recursos naturais do nosso planeta.

Monitorização e recolha de dados

Veículos submarinos autónomos (AUVs)

Os AUVs estão a revolucionar a conservação marinha, fornecendo dados pormenorizados sobre os ecossistemas subaquáticos.

- **Monitorização dos recifes de coral**: Os AUVs equipados com câmaras e sensores de alta resolução são utilizados para monitorizar a saúde dos recifes de coral. Estes robots podem navegar em estruturas complexas de recifes, captando imagens detalhadas e dados sobre a saúde dos corais, a qualidade da água e a biodiversidade. Esta informação ajuda os cientistas a acompanhar as mudanças ao longo do tempo e a desenvolver estratégias de conservação.
- **Pesquisas sobre a vida selvagem marinha**: Os AUVs podem efetuar levantamentos da vida selvagem marinha, incluindo populações de peixes, mamíferos marinhos e invertebrados. Podem operar a várias profundidades e recolher dados sobre a distribuição das espécies, comportamento e utilização do habitat, fornecendo informações valiosas para os esforços de conservação marinha.
- **Oceanografia**: Os AUVs contribuem para a investigação oceanográfica através da recolha de dados sobre as correntes oceânicas, a temperatura, a salinidade e outras propriedades físicas e químicas. Esta informação é essencial para compreender a dinâmica dos oceanos e o seu impacto nos sistemas climáticos globais.

Veículos aéreos não tripulados (UAVs)

Os UAV, ou drones, são amplamente utilizados na monitorização ambiental devido à sua capacidade de cobrir grandes áreas e captar imagens e dados de alta resolução.

- **Monitorização das florestas**: Os drones são utilizados para monitorizar a saúde das florestas, acompanhar a desflorestação e avaliar o impacto do abate de árvores e das alterações na utilização dos solos. Equipados com câmaras multiespectrais e térmicas, os drones podem detetar sinais de doenças, infestações de pragas e actividades de exploração madeireira ilegal.
- **Seguimento da vida selvagem**: Os drones ajudam a seguir e monitorizar populações de animais selvagens, particularmente em áreas remotas ou inacessíveis. Podem captar imagens e vídeos de animais, seguir os seus movimentos e monitorizar o seu comportamento sem perturbar os seus habitats naturais.
- **Mapeamento de habitats**: Os drones são utilizados para criar mapas detalhados de habitats, incluindo zonas húmidas, prados e zonas costeiras. Estes mapas fornecem informações valiosas para os esforços de restauração e gestão de habitats, ajudando a proteger ecossistemas críticos.

Luta contra as alterações climáticas

Sequestro de carbono

A robótica está a ser utilizada para melhorar os esforços de sequestro de carbono, ajudando a atenuar o impacto das alterações climáticas.

- **Robôs de plantação de árvores**: Estão a ser desenvolvidos robôs autónomos de plantação de árvores para acelerar os esforços de reflorestação. Estes robots podem plantar árvores de forma rápida e eficiente, cobrindo grandes áreas e aumentando a taxa de sequestro de carbono.
- **Monitorização do solo**: Os robôs equipados com sensores de solo podem monitorizar a saúde do solo e o teor de carbono. Esta informação ajuda os cientistas a compreender o potencial de armazenamento de carbono de diferentes solos e a desenvolver estratégias para aumentar o sequestro de carbono no solo.

Energias renováveis

A robótica está também a contribuir para o desenvolvimento e manutenção de fontes de energia renováveis, reduzindo a dependência de combustíveis fósseis e diminuindo as emissões de gases com efeito de estufa.

- **Manutenção de painéis solares**: Os robots são utilizados para limpar e manter os painéis solares, assegurando o seu funcionamento com a máxima eficiência. Estes robôs podem remover pó, detritos e neve dos painéis, optimizando a produção de energia.

- **Inspeção de turbinas eólicas**: Os drones e os robôs trepadores são utilizados para inspecionar as turbinas eólicas, detectando danos e desgaste. As inspecções regulares ajudam a manter a eficiência das turbinas eólicas e a prolongar a sua vida útil, contribuindo para o crescimento das energias renováveis.

Proteção das espécies ameaçadas de extinção

Esforços de combate à caça furtiva

A robótica está a desempenhar um papel crucial na proteção das espécies ameaçadas de extinção contra a caça furtiva e o comércio ilegal de animais selvagens.

- **Drones de vigilância**: Os drones equipados com câmaras térmicas e algoritmos de IA são utilizados para patrulhar áreas protegidas e detetar caçadores furtivos. Estes drones podem cobrir grandes áreas rapidamente e operar de dia e de noite, fornecendo vigilância em tempo real e alertas aos guardas florestais.

- **Engodos Robóticos**: Os chamarizes robóticos de animais em perigo são utilizados para dissuadir os caçadores furtivos e recolher informações. Estes chamarizes imitam a aparência e o comportamento de animais reais, atraindo os caçadores furtivos e permitindo que as autoridades os localizem e prendam.

Restauração de habitats

Os robôs também estão a ser utilizados para restaurar habitats e criar ambientes seguros para espécies ameaçadas de extinção.

- **Robôs dispersores de sementes**: Os robôs autónomos são utilizados para dispersar sementes em habitats degradados, promovendo o crescimento de plantas nativas e restaurando os ecossistemas. Estes robôs podem navegar em terrenos difíceis e plantar sementes em locais precisos, melhorando os esforços de recuperação de habitats.
- **Robots de polinização**: Em áreas onde os polinizadores naturais estão a diminuir, estão a ser desenvolvidos robôs para ajudar na polinização. Estes robots podem imitar o comportamento das abelhas e de outros polinizadores, ajudando a assegurar a reprodução das plantas e a sobrevivência dos ecossistemas.

Desafios e direcções futuras

Desafios tecnológicos

A utilização da robótica na conservação do ambiente enfrenta vários desafios tecnológicos que têm de ser resolvidos.

- **Autonomia e fiabilidade**: É crucial garantir que os robôs possam funcionar de forma autónoma e fiável em ambientes diversos e difíceis. São necessários avanços na IA, na aprendizagem automática e na tecnologia de sensores para melhorar a autonomia e a fiabilidade dos robôs de conservação.
- **Processamento e análise de dados**: As grandes quantidades de dados recolhidos pelos robôs de conservação exigem um processamento e análise eficientes. O desenvolvimento de ferramentas e plataformas avançadas de análise de dados é essencial para extrair informações significativas destes dados e informar as estratégias de conservação.
- **Custo e acessibilidade**: O custo de instalação e manutenção da tecnologia robótica pode constituir um obstáculo à sua adoção generalizada. São necessários esforços para reduzir os custos e aumentar a acessibilidade para garantir que a robótica possa ser utilizada eficazmente nos esforços de conservação em todo o mundo.

Considerações éticas e ambientais

A utilização da robótica na conservação do ambiente suscita considerações éticas e ambientais que devem ser abordadas.

- **Impacto na vida selvagem**: A presença de robots em habitats naturais pode potencialmente perturbar a vida selvagem e perturbar os ecossistemas. É fundamental garantir que os robôs são concebidos e utilizados de forma a minimizar o seu impacto na vida selvagem.

- **Privacidade dos dados**: A recolha de dados por robôs de conservação, particularmente em áreas protegidas e terras indígenas, levanta questões de privacidade. É essencial garantir que os dados sejam recolhidos e utilizados de forma ética, respeitando as comunidades locais e os seus direitos.

- **Sustentabilidade**: A produção e a utilização da tecnologia robótica devem ter em conta a sustentabilidade e o impacto ambiental. A utilização de materiais amigos do ambiente, a minimização do consumo de energia e a eliminação responsável dos componentes robóticos são considerações importantes.

Inovações futuras

O futuro da robótica na conservação do ambiente oferece possibilidades interessantes para novos avanços e inovações.

- **Robôs de inspiração biológica**: Os robôs de inspiração biológica, concebidos para imitar o comportamento e o movimento dos animais, têm um grande potencial para a conservação do ambiente. Estes robôs podem navegar em ambientes difíceis, interagir com a vida selvagem e realizar tarefas que são difíceis para os robôs tradicionais.

- **Robótica de enxame**: A robótica de enxame, em que vários robôs trabalham em conjunto para atingir um objetivo comum, pode aumentar a eficiência e a eficácia dos esforços de conservação. Os enxames de drones ou robôs subaquáticos podem cobrir grandes áreas, efetuar levantamentos sincronizados e colaborar em tarefas complexas.

- **Integração com outras tecnologias**: A integração da robótica com outras tecnologias emergentes, como a IoT (Internet das Coisas), a cadeia de blocos e a deteção remota, pode criar ferramentas poderosas para a conservação ambiental. Por exemplo, os sensores IoT podem fornecer dados em tempo real aos robots, enquanto a cadeia de blocos pode garantir a transparência e a rastreabilidade dos esforços de conservação.

A utilização da robótica na conservação ambiental está a transformar a forma como monitorizamos os ecossistemas, combatemos as alterações climáticas e protegemos as espécies ameaçadas. À medida que a tecnologia continua a avançar, a robótica desempenhará um papel cada vez mais importante na preservação dos recursos naturais do nosso planeta e na garantia de um futuro sustentável. No próximo capítulo, iremos explorar o papel da robótica nos cuidados de saúde, analisando a forma como os robôs estão a melhorar os cuidados médicos, a melhorar os resultados dos doentes e a revolucionar o sector dos cuidados de saúde.

Capítulo 8: Robótica nos cuidados de saúde

A robótica está a revolucionar o sector dos cuidados de saúde, melhorando os cuidados médicos, melhorando os resultados para os doentes e transformando a prestação de serviços de saúde. Desde robôs cirúrgicos a dispositivos de assistência e ferramentas de diagnóstico, a robótica está a tornar os cuidados de saúde mais eficientes, precisos e acessíveis. Este capítulo analisa as várias aplicações da robótica nos cuidados de saúde, destacando os seus benefícios, desafios e potencial impacto futuro.

Robótica cirúrgica

Cirurgia de precisão e minimamente invasiva

Os robôs cirúrgicos transformaram o campo da cirurgia, permitindo procedimentos minimamente invasivos com uma precisão sem paralelo.

- **Sistema Cirúrgico Da Vinci**: Um dos robots cirúrgicos mais conhecidos, o sistema Da Vinci, permite aos cirurgiões efetuar procedimentos complexos através de pequenas incisões. O sistema proporciona uma visualização 3D de alta definição e uma maior destreza com os seus braços robóticos, reduzindo o tempo de recuperação do paciente e minimizando os riscos cirúrgicos.
- **Cirurgia ortopédica**: Robôs como o sistema MAKO ajudam em cirurgias ortopédicas, tais como substituições de joelho e anca. Estes robôs fornecem um planeamento pré-operatório preciso e orientação intra-operatória, melhorando a precisão da colocação dos implantes e os resultados para os doentes.
- **Neurocirurgia**: Os robôs estão a ser cada vez mais utilizados na neurocirurgia para realizar procedimentos delicados com elevada precisão. Sistemas como o ROSA e o NeuroArm auxiliam nas cirurgias cerebrais, permitindo uma seleção mais precisa de tumores e outras anomalias, minimizando os danos nos tecidos circundantes.

Benefícios da cirurgia robótica

- **Trauma reduzido**: A cirurgia robótica minimamente invasiva resulta em incisões mais pequenas, menos hemorragia e menor trauma para o corpo.

Os doentes sentem menos dor pós-operatória e têm tempos de recuperação mais rápidos.

- **Precisão melhorada**: Os sistemas robóticos proporcionam aos cirurgiões uma maior precisão e controlo, reduzindo o risco de erro humano e melhorando os resultados cirúrgicos. A capacidade de efetuar movimentos complexos e aceder a áreas de difícil acesso é uma vantagem significativa.
- **Visualização melhorada**: Os sistemas robóticos oferecem uma visualização 3D de alta definição do local da cirurgia, permitindo que os cirurgiões vejam as estruturas anatómicas com maior clareza e tomem decisões informadas durante a cirurgia.

Robótica de reabilitação e assistência

Robôs de reabilitação

Os robôs de reabilitação são concebidos para ajudar os doentes a recuperar de lesões, cirurgias e doenças neurológicas, fornecendo terapia e apoio específicos.

- **Exo-esqueletos**: Os exoesqueletos robóticos, como os desenvolvidos pela Ekso Bionics e pela ReWalk, ajudam os doentes com lesões na espinal medula e os sobreviventes de acidentes vasculares cerebrais a recuperar a mobilidade. Estes dispositivos portáteis fornecem apoio e assistência para caminhar, permitindo aos doentes realizar exercícios de reabilitação e melhorar as suas capacidades motoras.
- **Robôs de terapia**: Robôs como o Lokomat e o sistema Armeo são utilizados na terapia física e ocupacional para ajudar os doentes a recuperar a força e a coordenação. Estes robôs proporcionam um treino repetitivo e específico de tarefas que promove a neuroplasticidade e a recuperação funcional.

Robôs de assistência

Os robôs de assistência melhoram a qualidade de vida das pessoas com deficiência, apoiando-as nas actividades diárias e aumentando a sua independência.

- **Próteses robóticas**: As próteses robóticas avançadas, como as desenvolvidas pela Össur e pela DEKA Research, oferecem maior funcionalidade e controlo aos amputados. Estas próteses utilizam sensores e IA para imitar os movimentos naturais dos membros, permitindo aos utilizadores realizar tarefas complexas com maior facilidade.

- **Robôs de companhia**: Robôs como o Jibo e o robô terapêutico PARO proporcionam companhia e apoio emocional a indivíduos com deficiências cognitivas, como a demência e o autismo. Estes robôs envolvem os utilizadores em actividades interactivas, reduzindo os sentimentos de solidão e melhorando o bem-estar mental.

Robótica de diagnóstico e imagiologia

Sistemas robóticos de imagiologia

Os sistemas de imagiologia robótica aumentam a precisão do diagnóstico e proporcionam uma visualização detalhada das estruturas internas, ajudando na deteção precoce e no tratamento de problemas médicos.

- **Endoscopia robótica**: Os sistemas de endoscopia robótica, como o sistema Medrobotics Flex®, permitem um exame minimamente invasivo do trato gastrointestinal e de outros órgãos internos. Estes sistemas proporcionam uma maior capacidade de manobra e precisão, melhorando as capacidades de diagnóstico e o conforto do doente.

- **Robótica guiada por MRI**: Os robôs integrados com a tecnologia MRI (Magnetic Resonance Imaging), como os sistemas Intraoperative MRI (iMRI), ajudam na obtenção de imagens em tempo real durante os procedimentos cirúrgicos. Estes sistemas permitem uma seleção mais precisa de tumores e outras anomalias, melhorando os resultados cirúrgicos.

Ferramentas de diagnóstico automatizadas

As ferramentas de diagnóstico automatizadas utilizam a robótica e a IA para analisar dados médicos e fornecer diagnósticos exactos, melhorando a eficiência e reduzindo os encargos para os profissionais de saúde.

- **Automatização de laboratórios**: A robótica está a ser cada vez mais utilizada para automatizar os processos laboratoriais, como o manuseamento de amostras, a análise e a elaboração de relatórios. Os sistemas automatizados melhoram a velocidade e a precisão dos testes de diagnóstico, conduzindo a resultados mais rápidos e mais fiáveis.

- **Diagnósticos baseados em IA**: As ferramentas de diagnóstico baseadas em IA, como o IBM Watson Health e o DeepMind da Google, analisam imagens médicas, registos de pacientes e outros dados para identificar padrões e fornecer recomendações de diagnóstico. Estas ferramentas ajudam os profissionais de saúde a tomar decisões informadas e a melhorar os cuidados prestados aos doentes.

Telemedicina e cuidados à distância

Robôs de telepresença

Os robôs de telepresença permitem a prestação de cuidados de saúde à distância, permitindo que os médicos interajam com os doentes e prestem cuidados à distância.

- **Consultas à distância**: Os robots de telepresença, como os desenvolvidos pela InTouch Health e pela VGo, facilitam as consultas à distância entre médicos e doentes. Estes robôs podem navegar nos corredores dos hospitais e nos quartos dos doentes, permitindo aos médicos efetuar rondas virtuais, monitorizar os doentes e dar consultas em tempo real.
- **Cuidados ao domicílio**: Os robôs de telepresença são também utilizados em ambientes de cuidados domiciliários para apoiar doentes idosos e crónicos. Estes robôs permitem a monitorização remota e a comunicação com os prestadores de cuidados de saúde, reduzindo a necessidade de visitas frequentes ao hospital e melhorando os resultados dos doentes.

Cirurgia à distância

A cirurgia à distância, ou telecirurgia, permite que os cirurgiões efectuem operações à distância utilizando sistemas robóticos e tecnologias de comunicação avançadas.

- **Sistemas de telecirurgia**: Os sistemas de telecirurgia, como o Raven II, permitem aos cirurgiões operar braços robóticos à distância, realizando procedimentos cirúrgicos complexos com elevada precisão. Estes sistemas utilizam ligações à Internet de alta velocidade e tecnologias de imagem avançadas para fornecer feedback e controlo em tempo real.

- **Colaboração global**: A cirurgia à distância facilita a colaboração global entre médicos especialistas, permitindo que os cirurgiões se consultem e se ajudem mutuamente, independentemente da localização geográfica. Esta colaboração aumenta a partilha de conhecimentos e experiência, melhorando os resultados cirúrgicos e os cuidados prestados aos doentes.

Desafios e direcções futuras

Desafios tecnológicos

A implementação da robótica nos cuidados de saúde enfrenta vários desafios tecnológicos que têm de ser resolvidos.

- **Integração e interoperabilidade**: É fundamental garantir a integração e a interoperabilidade perfeitas entre os sistemas robóticos e as infra-estruturas de cuidados de saúde existentes. O desenvolvimento de protocolos e interfaces normalizados é essencial para facilitar a adoção de tecnologias robóticas.
- **Fiabilidade e segurança**: É fundamental garantir a fiabilidade e a segurança dos sistemas robóticos nos cuidados de saúde. São necessários testes rigorosos, validação e processos de aprovação regulamentar para minimizar os riscos e garantir a segurança dos doentes.
- **Segurança dos dados**: A proteção dos dados dos doentes e a garantia da segurança dos sistemas robóticos são fundamentais. A implementação de medidas robustas de cibersegurança e a adesão a regulamentos de privacidade de dados são essenciais para salvaguardar informações médicas sensíveis.

Considerações éticas e regulamentares

A utilização da robótica nos cuidados de saúde suscita considerações éticas e regulamentares que devem ser abordadas.

- **Considerações éticas**: A utilização da robótica nos cuidados de saúde levanta questões éticas relacionadas com o consentimento do doente, a autonomia e o potencial impacto na relação médico-doente. É fundamental garantir que os sistemas robóticos são utilizados de forma ética e transparente.

- **Aprovação regulamentar**: A obtenção de aprovação regulamentar para sistemas robóticos nos cuidados de saúde envolve testes e validação rigorosos para garantir a segurança e a eficácia. Navegar pelas vias regulamentares e garantir a conformidade com os regulamentos dos cuidados de saúde é essencial para o sucesso da implementação de tecnologias robóticas.
- **Equidade e acessibilidade**: Garantir que todos os doentes tenham acesso aos benefícios das tecnologias robóticas de cuidados de saúde é um desafio significativo. São necessários esforços para reduzir os custos e aumentar a acessibilidade para resolver as disparidades no acesso aos cuidados de saúde.

Inovações futuras

O futuro da robótica no sector dos cuidados de saúde oferece possibilidades interessantes para novos avanços e inovações.

- **IA e aprendizagem automática**: Os avanços contínuos na IA e na aprendizagem automática irão melhorar as capacidades dos sistemas robóticos nos cuidados de saúde. Estas tecnologias permitirão cuidados mais personalizados e adaptáveis, melhorando os resultados para os doentes.
- **Nanorobótica**: O desenvolvimento da nanorrobótica tem o potencial de revolucionar os tratamentos médicos. Os nanorrobôs poderão ser utilizados para a administração de medicamentos específicos, cirurgias minimamente invasivas e procedimentos de diagnóstico precisos a nível celular.
- **Robótica vestível**: Os dispositivos robóticos vestíveis, como os exoesqueletos inteligentes e os aparelhos robóticos, proporcionarão novas soluções para a reabilitação e os cuidados de assistência. Estes dispositivos aumentarão a mobilidade, apoiarão a recuperação e melhorarão a qualidade de vida dos doentes.

A robótica está a transformar o sector dos cuidados de saúde, melhorando os cuidados médicos, melhorando os resultados para os doentes e tornando os cuidados de saúde mais eficientes e acessíveis. À medida que a tecnologia continua a avançar, a robótica desempenhará um papel cada vez mais importante na definição do futuro dos cuidados de saúde, fornecendo soluções inovadoras para uma vasta gama de desafios médicos. No próximo capítulo, iremos explorar o papel da robótica na automação industrial, examinando a forma como os robôs estão a revolucionar o fabrico, a logística e a gestão da cadeia de fornecimento.

Capítulo 9: Robótica na automatização industrial

A robótica revolucionou a automação industrial, transformando os processos de fabrico, aumentando a eficiência e melhorando a produtividade em vários sectores. Desde as linhas de montagem à gestão de armazéns e logística, os robôs estão a desempenhar um papel fundamental na racionalização das operações e na satisfação das exigências da produção moderna. Este capítulo explora as diversas aplicações da robótica na automação industrial, destacando os seus benefícios, desafios e implicações futuras.

Aplicações robóticas no fabrico

Montagem e produção

Os robôs são amplamente utilizados na indústria transformadora para automatizar as tarefas de montagem e otimizar as linhas de produção.

- **Montagem automatizada**: Os robots industriais executam tarefas de montagem repetitivas com elevada precisão e eficiência. Podem manusear componentes complexos, aplicar colas e efetuar operações de soldadura e solda, garantindo uma qualidade consistente e reduzindo o tempo de produção.
- **Sistemas de fabrico flexíveis**: Os braços robóticos equipados com ferramentas de extremidade do braço (EOAT) podem ser reprogramados e adaptados para executar várias tarefas, permitindo sistemas de fabrico flexíveis. Estes sistemas adaptam-se às mudanças nas exigências de produção e apoiam processos de fabrico ágeis.

Manuseamento de materiais e embalagens

Os robôs desempenham um papel crucial nas operações de manuseamento e embalagem de materiais, optimizando a logística e a gestão da cadeia de abastecimento.

- **Paletização e despaletização**: Os robots automatizam a carga e a descarga de paletes, o empilhamento de produtos e a preparação de expedições. Podem lidar com várias formas, tamanhos e pesos de produtos, melhorando a eficiência do armazém e reduzindo o trabalho manual.

- **Embalagem e seleção**: Os robots equipados com sistemas de visão e algoritmos de IA podem identificar, ordenar e embalar itens com rapidez e precisão. Estes robots melhoram a precisão da embalagem, reduzem os erros e aumentam o rendimento nos centros de distribuição.

Controlo de qualidade e inspeção

Os sistemas robóticos executam tarefas precisas de controlo e inspeção da qualidade para garantir a integridade do produto e a conformidade com as normas da indústria.

- **Inspeção automatizada**: Os robôs guiados por visão inspeccionam os produtos quanto a defeitos, irregularidades e precisão dimensional. Utilizam câmaras, sensores e algoritmos de IA para identificar falhas e anomalias, permitindo acções corretivas imediatas e minimizando o desperdício.

- **Ensaios não destrutivos (NDT)**: Os robôs equipados com técnicas de NDT, tais como ultra-sons e imagens de raios X, detectam defeitos internos em materiais e componentes sem os danificar. Estes métodos garantem a fiabilidade e a segurança dos produtos em indústrias como a aeroespacial e a automóvel.

Robótica na logística e gestão da cadeia de abastecimento

Automatização de armazéns

Os robôs estão a transformar as operações de armazém, optimizando a gestão do inventário, o cumprimento das encomendas e os processos de distribuição.

- **Veículos Guiados Automatizados (AGVs)**: Os AGVs navegam autonomamente pelos pisos dos armazéns, transportando mercadorias entre locais de armazenamento, áreas de produção e docas de expedição. Melhoram a eficiência, reduzem os tempos de ciclo e aumentam a segurança no local de trabalho, minimizando as interações homem-robô.

- **Robôs móveis**: Os robôs móveis autónomos (AMRs) colaboram com trabalhadores humanos para satisfazer encomendas, recolher artigos das prateleiras e entregar mercadorias nos armazéns. Estes robôs adaptam-se a ambientes dinâmicos, optimizam as rotas de viagem e integram-se perfeitamente nos sistemas de gestão de armazéns existentes.

Entrega na última milha

Estão a surgir soluções robóticas para a entrega na última milha, abordando os desafios da logística urbana e do cumprimento do comércio eletrónico.

- **Drones de entrega**: Os veículos aéreos não tripulados (UAV) entregam encomendas diretamente à porta dos clientes, evitando o congestionamento do trânsito e reduzindo os tempos de entrega. Os drones utilizam sistemas de navegação GPS e de prevenção de obstáculos para garantir entregas seguras e eficientes em áreas urbanas e remotas.
- **Veículos terrestres autónomos**: Os veículos autónomos equipados com cacifos para encomendas e sistemas de carregamento automático transportam as encomendas para os pontos de entrega designados. Estes veículos optimizam as rotas de entrega, minimizam o impacto ambiental e aumentam a satisfação do cliente em ambientes urbanos.

Desafios e considerações

Desafios tecnológicos

A implementação da robótica na automação industrial apresenta vários desafios tecnológicos que exigem soluções inovadoras.

- **Integração com sistemas existentes**: É crucial garantir a compatibilidade e a integração perfeita dos sistemas robóticos com as infra-estruturas de fabrico e logística existentes. A normalização dos protocolos de comunicação e a adoção de designs modulares facilitam a escalabilidade e a interoperabilidade do sistema.
- **Fiabilidade e manutenção**: Manter o tempo de atividade e a fiabilidade dos sistemas robóticos é essencial para operações contínuas. As técnicas de manutenção preditiva, os diagnósticos remotos e os acordos de assistência robustos reduzem o tempo de inatividade e optimizam a utilização dos activos.
- **Segurança e redução de riscos**: É fundamental garantir a segurança dos trabalhadores humanos e reduzir os riscos associados às operações robóticas. A implementação de protocolos de segurança, princípios de conceção ergonómica e tecnologias de robôs colaborativos (cobots) melhoram a segurança e a produtividade no local de trabalho.

Implicações económicas e sociais

A adoção da robótica na automação industrial tem implicações económicas e sociais que exigem uma análise cuidadosa.

- **Transição da força de trabalho**: A adoção da robótica pode ter impacto na mão de obra, alterando as funções e os requisitos de competências. Os programas de atualização de competências, as iniciativas de reciclagem e as estratégias de desenvolvimento da mão de obra apoiam a transição dos trabalhadores e promovem a criação de emprego em sectores de fabrico avançados.
- **Análise Custo-Benefício**: A avaliação do retorno do investimento (ROI) e do custo total de propriedade (TCO) dos sistemas robóticos é fundamental para a tomada de decisões. O cálculo dos ganhos de produtividade, das poupanças de mão de obra e das eficiências operacionais informa os investimentos estratégicos em tecnologias de automatização.
- **Considerações éticas**: A abordagem das preocupações éticas relacionadas com a deslocação de postos de trabalho, o bem-estar dos trabalhadores e a aceitação social das tecnologias de automação promove a implantação responsável e o crescimento sustentável da automação industrial.

Tendências e inovações futuras

Indústria 4.0 e fabrico inteligente

A evolução dos princípios da Indústria 4.0 e das tecnologias de fabrico inteligente irá impulsionar os futuros avanços na robótica e na automação industrial.

- **Gémeos digitais**: As tecnologias de gémeos digitais criam réplicas virtuais de activos físicos, permitindo a monitorização em tempo real, a manutenção preditiva e a otimização do desempenho de sistemas robóticos.
- **Inteligência Artificial e Aprendizagem Automática**: Os algoritmos de IA optimizam as operações robóticas, as estratégias de controlo

adaptativo e a análise preditiva, melhorando a eficiência dos processos e a tomada de decisões no fabrico e na logística.

- **Robótica de colaboração**: Os robôs colaborativos (cobots) trabalham ao lado de trabalhadores humanos, partilhando o espaço de trabalho e executando tarefas de forma colaborativa. Os cobots melhoram a produtividade, a flexibilidade e a ergonomia em ambientes de fabrico.

Práticas de fabrico sustentáveis

A robótica e a automação contribuem para práticas de fabrico sustentáveis, reduzindo o consumo de energia, minimizando os resíduos e optimizando a utilização dos recursos.

- **Robótica com eficiência energética**: Os sistemas robóticos energeticamente eficientes e as tecnologias inteligentes de gestão de energia reduzem a pegada de carbono e os custos operacionais em ambientes industriais.
- **Iniciativas de economia circular**: A adoção de princípios de economia circular, como a reciclagem e a refabricação, promove a eficiência dos recursos e a gestão ambiental no fabrico de robótica e na eliminação em fim de vida.

Resiliência da cadeia de abastecimento global

A automatização robótica aumenta a resiliência e a agilidade da cadeia de abastecimento, permitindo respostas adaptativas às perturbações globais e à dinâmica do mercado.

- **Fabrico Localizado**: Os modelos de produção a pedido e de fabrico distribuído tiram partido da automatização robótica para satisfazer a procura regional, reduzir os prazos de entrega e mitigar os riscos da cadeia de fornecimento.
- **Visibilidade da cadeia de fornecimento**: A robótica e os sensores activados pela IoT proporcionam visibilidade em tempo real da cadeia de fornecimento, acompanhando os níveis de inventário, o estado da produção e os movimentos logísticos em redes globais.

A robótica está a remodelar a automação industrial, optimizando os processos de fabrico, melhorando as operações de logística e avançando na gestão da cadeia de fornecimento. À medida que a tecnologia continua a evoluir, a robótica desempenhará um papel fundamental na promoção da inovação, sustentabilidade e resiliência nos sectores industriais em todo o mundo. No próximo capítulo, iremos explorar o papel da robótica na exploração e colonização do espaço, examinando a forma como os robôs estão a expandir a presença humana para além da Terra e a fazer avançar as descobertas científicas no cosmos.

Referências:

1. Wani, Sagar. (2023). A Sinergia entre a Inteligência Artificial e a Robótica. 10.5281/zenodo.10676937.

2. Nemade, Ganesh & Wani, Sagar. (2023). Portais do Salesforce Experience Cloud

(Nuvem comunitária) Opções de modelos Aura vs LWR. 10.5281/zenodo.10676907. 3. Ezquerra, N., & Pazos, A. (1994, outubro). Neural computing in medicine. Artificial Intelligence in Medicine, 6(5), 355-357. https://doi.org/10.1016/0933- 3657(94)90001-9

4. Bouveret, S., & Lemaître, M. (2009, fevereiro). Computing leximin-optimal

soluções em redes de restrições. Artificial Intelligence, 173(2), 343-364. https://doi.org/10.1016/j.artint.2008.10.010

5. Timpka, T. (2001, agosto). Proactive health computing. Artificial Intelligence inMedicine, 23(1), 13-24. https://doi.org/10.1016/s0933-3657(01)00073-2

6. Schidler, A., & Szeider, S. (2023, dezembro). Computação de uma hipertree óptima

decomposições com SAT. Artificial Intelligence, 325, 104015. https://doi.org/10.1016/j.artint.2023.104015

7. Douven, I. (2019, outubro). Otimização da aprendizagem em grupo: Uma abordagem evolutiva

abordagem computacional. Artificial Intelligence, 275, 235-251. https://doi.org/10.1016/j.artint.2019.06.002

8. Lukowicz, P. (2008, fevereiro). Computação vestível e inteligência artificial

para aplicações no sector da saúde. Artificial Intelligence in Medicine, 42(2), 95-98. https://doi.org/10.1016/j.artmed.2007.12.002

9. Vellino, A. (1986, setembro). A inteligência artificial: A própria ideia. Inteligência Artificial

Intelligence, 29(3), 349-353. https://doi.org/10.1016/0004-3702(86)90075-5

10. Spector, L. (2006, dezembro). Evolução da inteligência artificial. Artificial

Intelligence, 170(18), 1251-1253. https://doi.org/10.1016/j.artint.2006.10.009

11. McDermott, J. (1980, novembro). Princípios da inteligência artificial. Artificial

Intelligence, 15(1-2), 127-131. https://doi.org/10.1016/0004-3702(80)90026-0

12. London, P. (1980, novembro). Programação da inteligência artificial. Artificial

Intelligence, 15(1-2), 123-124. https://doi.org/10.1016/0004-3702(80)90024-7

13. Chrisley, R. (2003, setembro). Embodied artificial intelligence. Artificial

Intelligence, 149(1), 131-150. https://doi.org/10.1016/s0004-3702(03)00055-9

14. Reese, D. (1985, setembro). Artificial intelligence. Artificial Intelligence, 27(1), 127-128. https://doi.org/10.1016/0004-3702(85)90088-8

15. Sagar Sopan Wani, Ganesh Nemade. "Portais do Salesforce Experience Cloud

(Nuvem comunitária) Opções de modelos Aura vs LWR". Jornal Internacional de

Engineering Research & Technology 12, no. 04 (abril de 2023). https://doi.org/10.5281/zenodo.10676907.

16. Linthicum, D. S. (2018, março). Aproximação do desempenho da computação em nuvem. IEEE Cloud Computing, 5(2), 33-36. https://doi.org/10.1109/mcc.2018.022171665

17. Linthicum, D. S. (2018, março). Aproximação do desempenho da computação em nuvem. IEEE Cloud Computing, 5(2), 33-36. https://doi.org/10.1109/mcc.2018.022171665

Printed by Books on Demand GmbH, Norderstedt / Germany